2022 年江苏省主题出版重点出版物

水韵江苏 · 河湖印记丛书

最美水地标

《水韵江苏·河湖印记丛书》编委会　编

河海大学出版社
HOHAI UNIVERSITY PRESS
·南京·

图书在版编目（CIP）数据

最美水地标 /《水韵江苏·河湖印记丛书》编委会
编. -- 南京 : 河海大学出版社, 2022.12
（水韵江苏·河湖印记丛书）
ISBN 978-7-5630-8169-1

Ⅰ. ①最… Ⅱ. ①水… Ⅲ. ①水利工程–介绍–江苏
Ⅳ. ①TV68

中国国家版本馆 CIP 数据核字 (2023) 第 008573 号

书　　名	水韵江苏·河湖印记丛书. 最美水地标
	SHUIYUN JIANGSU. HEHU YINJI CONGSHU. ZUI MEI SHUIDIBIAO
书　　号	ISBN 978-7-5630-8169-1
策划编辑	朱婵玲
责任编辑	张心怡
责任校对	陈晓灵
特约校对	王新月
装帧设计	徐娟娟　朱静璇
图文制作	金网线图文工作室
出版发行	河海大学出版社
地　　址	南京市西康路 1 号（邮编：210098）
电　　话	（025）83737852（总编室）
	（025）83722833（营销部）
经　　销	江苏省新华发行集团有限公司
印　　刷	南京迅驰彩色印刷有限公司
开　　本	889 毫米 × 1194 毫米　1 / 16
印　　张	14　　插　页　3
字　　数	132 千字
版　　次	2022 年 12 月第 1 版
印　　次	2022 年 12 月第 1 次印刷
定　　价	98.00 元

前言

　　江苏因水而兴、因水而盛、因水而名,水是江苏的亮丽名片,也是江苏最鲜明的自然与人文符号。作为江海拥依、淮运贯穿、湖库繁翠的多水之地,河流湖泊滋养着江苏大地,擦亮了"水韵江苏"的地域文化品牌。在这片土地上,有太多的水利印记值得我们神游,有太多的河湖故事值得我们一读。

　　什么样的景观最打动人心?是雄伟绵延的建筑群呢?还是桃红柳绿的生态园林?有这样一批大地景观,它们的创造者是无数水利规划师、工程建设师,他们在10万多平方公里的地理尺度上布局河流、工程,既顺应自然,又利用自然,塑造了最具魅力、最有代表性的形象标识。这些景观不仅仅有水的滋育,更有文化的积淀,我们形象地称之为"水地标"。我们期待读者通过阅读《最美水地标》一书,用一种全新的角度去认知江苏的江河湖海、江苏的水。

滔滔奔流了两千多年的大运河，是中华民族独特的活态文化遗产，它见证岁月变迁，赓续中华文脉，是江苏的"美丽中轴"。古老运河在新时代需要以新的方式打开，江苏水利人借鉴"最美水地标"推选活动，于 2018 年联合多部门开展了"寻找大运河江苏记忆"活动，推出 40 个"最美运河地标"。我们尝试通过《运河记忆》一书来揭示千年深远时光中那些历久弥新的治水记忆。

　　如果想要深度体验和感受江苏的河湖水韵魅力，那么《水景印象》是读者不错的选择。我们按照水系脉络，串联起江苏特色水景观呈现给大家。它们有的湖面开阔、一览无余；有的湖中有岛、岛中有水；有的河流曲折、古桥跨越；有的水系变迁、环绕城廓；有的历史悠久、文化灿烂；有的菜花盛开、湿地摇橹；有的水产丰富、日出斗金；有的大堤挡洪，湖、堤、路、车相伴，招徕四面宾朋；有的大坝蓄水，山、水、村、人和谐，引来八方游客。借由这 15 条水利风景区精品线路，全方位描绘出一幅幅人水和谐相处的生动画卷。

　　江苏水文化源远流长，在创造了水利基础建设辉煌成就的同时，也促进了江苏水文化的大繁荣。长江水如何北上滋润齐鲁？抢险救灾如何实施？饮用水从何而来……若要探究这些问题，那么《水情教育基地》一书所收录的基地值得读者前去"打卡"，在可观、可知、可感中，让河湖文化成为大众的文化滋养。

　　《水韵江苏·河湖印记丛书》包括《最美水地标》《运河记忆》《水景印象》《水情教育基地》4 册，书中所述是江苏河湖治理成就的浓缩和印记，也希望给不曾到过江苏的读者留下心生向往的印记。在丛书集结出版过程中，我们得到了许多领导、专家的帮助和指导，获得了许多志愿者的协助和支持，在此一并致谢，恕不一一列举。由于时间紧迫，书中内容难免有错误或遗漏，敬请读者不吝指正，以期更好。

编者

2022 年 12 月

目录

水工程

南京三汊河河口闸   002

无锡蠡湖生态工程   008

徐州云龙湖   014

苏州七浦塘水利工程   018

连云港石梁河水库   022

盐城射阳河闸   028

扬州黄金坝闸站工程   032

镇江引航道水利枢纽   036

皂河水利枢纽   040

淮河入海水道大运河立交   046

洪泽湖大堤与三河闸、二河闸   050

江都水利枢纽   062

武定门节制闸   068

望虞河常熟枢纽   072

泰州引江河高港枢纽   076

水景观

南京玄武湖 084

无锡长广溪 090

徐州潘安湖 096

常州天目湖（沙河水库） 100

常州春秋淹城 106

苏州环太湖大堤 112

苏州暨阳湖 118

南通濠河 124

淮安清晏园 130

盐城大纵湖 134

扬州瘦西湖 140

镇江金山湖 146

泰州千垛菜花景区 150

泰州溱湖 156

宿迁三台山镜湖 160

水聚落

无锡水弄堂 168

徐州窑湾古镇 172

常州建昌圩 176

苏州锦溪古镇 180

南通余东古镇 186

连云港连岛小镇 190

淮安老子山镇 196

扬州邵伯古镇 200

镇江西津渡历史文化街区 204

宿迁皂河古镇 208

水韵江苏·河湖印记丛书

最美水地标——水工程

南京三汊河河口闸

南京三汊河河口闸位于外秦淮河入江口，是南京市外秦淮河环境综合整治工程的重要组成部分。其主要功能是非汛期关闸蓄水，抬高武定门至三汊河入江口河段水位，改善城市河道景观；汛期开闸行洪。该闸采用"双孔护镜门"方案。闸室为钢筋混凝土坞式结构，顺水流方向长37米，总宽度97米，单孔净宽40米；闸底板高程1.00米（吴淞零点）；单扇闸门直径44米，门高6.5米，门厚1.6米。闸门顶部共设有12扇调节水位的活动小闸门，该闸为Ⅱ等二级水工建筑物，正常过流量为30米³/秒；非汛期排涝流量为80米³/秒（关闸蓄水状态）；汛期行洪流量为600米³/秒。

南京市三汊河河口闸工程于2004年8月5日开工建设，2005年9月30日完工，总投资1.5亿元。该闸采用了多项国内外首创的技术，取得了4项国家专利，于2008年9月获得中国水利工程优质（大禹）奖。该闸的建成，有效地调节和控制外秦淮河（城市河段）枯水期水位，显著改善了河道景观与水质。

2008年，南京市外秦淮河风光带获批国家级水利风景区，该闸作为外秦淮河入江口一道亮丽的风景，反映了城市发展水平，展现了现代城市风貌，将自然生态环境与城市人居环境融为一体，创造了人与自然和谐的绿色体系，已成为一处集市民活动、休闲、旅游于一体的滨江特色空间。

鸟瞰河口闸

上图　双孔护镜
下图　双孔卧波

河口闸雪景

无锡蠡湖生态工程

蠡湖原名五里湖，与太湖北部的梅梁湖相接，是太湖伸向无锡城市的内湖，因范蠡功成身退、偕西施归隐泛舟的千年传说而得名。蠡湖风景区环蠡湖而建，涵盖了蠡湖及其周边一定区域，为华东地区最大的开放式景区。

20世纪60年代，"围湖造田"兴起，至70、80年代乡镇企业快速发展，蠡湖水面由原来的9.5平方公里缩小到6.4平方公里，水质与生态环境一度急剧退化。自2002年起，无锡市政府陆续投入近百亿元，对蠡湖地区进行了系统性的生态恢复和景观改造，先后实施了生态清淤、污水截流、退渔还湖、动力换水、生态修复、湖岸整治和环湖林带建设等工程。经过多年的科学规划治理，蠡湖地区建成了具有38公里沿湖岸线、14.3平方公里景区面积的蠡湖风景区以及广阔的十八湾生态风光带。现在的蠡湖景色秀美、烟波浩渺、鸟语花香，生态系统的净化能力和稳定性得到提高，富营养化指数呈总体下降趋势，作为无锡的城市"绿心"，起到了调节和净化城市生态环境、供给淡水资源、维持区域水平衡、提供动植物栖息地等的重要作用。据不完全统计，蠡湖现有湿地维管束植物60余种，野生脊椎动物近300种。

蠡湖依托深厚文化及历史典故，着力突出地域文化和湿地景观的有机融合，建造修复了蠡湖之光、渤公岛生态公园、水居苑、蠡湖大桥公园、宝界山林公园等15个具有完整游览要素的公园，及蠡湖展示馆、高攀龙纪念馆、金城湾健康知识长廊等多个科普场馆，使蠡湖集水环境保护、生态休闲旅游与科普宣教于一体。

当今的蠡湖，已成为太湖流域具有典型示范意义的河流湿地系统、蕴涵自然生态价值的特色景区、湿地水体净化过程和栖息地多样性的展示平台，并于2013年被评为国家湿地公园，于2014年被评为国家生态旅游示范区，其中无锡梅梁湖泵站枢纽工程获得中国水利工程最高奖项——中国水利工程优质（大禹）奖。

湿地鸥鹭

高子水居的蓝天与荷塘

蠡湖之光·百米高喷

渤公岛生态公园

蠡湖晚霞

徐州云龙湖

云龙湖景区位于徐州市区西南部，距离市中心3公里。核心景点云龙湖为国家重点中型水库，属淮河流域，奎睢河系。1958年10月筑堤建库，水库集水面积54平方公里，水域面积7.5平方公里，总库容3330万立方米，兴利库容590万立方米。水质常年维持在地表水Ⅲ类标准。景区规划面积44.7平方公里，外围保护地带面积44.2平方公里，规划控制范围总面积88.9平方公里，分为云龙湖景区、滨湖公园、云龙山景区、山林景区、小南湖景区、珠山景区、韩山景区和彭城欢乐世界八大景区。

云龙湖历史悠久，最初称簸箕洼，北宋时称尔家川，明代称苏伯湖，万历年间因湖水经常泛滥成灾，民间作石狗镇水，所以又称石狗湖。苏轼任徐州知州时曾言："若能引上游丁塘湖之水，则此湖俨若西湖。"

云龙湖景区是以云龙山水自然景观为特色，以两汉文化、名士文化、宗教文化、军事文化为主要内容，集防洪保安、科普教育、观光游览、休闲生态、餐饮娱乐等综合功能为一体的水库型水利风景区和城市型旅游景区。景区内文物古迹众多，旅游资源丰富，湖中路、环湖路把湖面分成东湖、西湖、小南湖。三月桃红柳绿、仲夏荷花吐艳、深秋枫林尽染、严冬梅花傲雪，各自异彩纷呈；荷风不染、石瓮倚月、杏花春雨等"云龙八景"以及近年来新建的"好人园"社会主义道德教育基地、彭城文化示范艺术街区，皆成为国内外脍炙人口的美景。

近年来，景区知名度逐渐提高。1994年与杭州西湖缔结为姊妹湖。2002年被批准为国家级水利风景区。2016年8月，获批国家5A级旅游景区，同年11月通过国家级水利风景区复核。先后完成国家级旅游服务标准化试点工作，获得"中国人居环境范例奖"。《人民日报》《新闻联播》等媒体多次在报道中提及云龙湖美景。景区年接待中外游客约1850万人次，年均增长21.3%，其中年最大游客接待量807万人次，景区先后举办过"亚洲铁人三项锦标赛""全国铁人三项锦标赛""徐州国际马拉松""徐州国际龙舟赛"等重大国内外活动，已成为徐州城市的窗口和对外交往的重要名片。

上图　新云龙山水

下图　湖光暮色映彭城

苏州七浦塘水利工程

七浦塘水利工程是提高阳澄淀泖区域防洪排涝能力、改善阳澄湖及周边河网水环境的专项工程，西起阳澄湖，东至长江，途经苏州市相城区、昆山市、常熟市及太仓市，全长43.89公里，河面平均宽50米。工程包括80座口门建筑物及江边枢纽（120米³/秒大型泵站）、阳澄湖枢纽（节制闸、地涵、船闸中型枢纽）。

七浦塘是沿江三十六浦之一，吐纳众流，自古以来在水利工程方面占有重要地位，自宋至清，曾大浚46次。工程沿线美化、亮化、绿化已初具规模，春花、夏荫、秋实、冬绿，空间布局错落有致，建成"水清岸绿、环境优美、风景秀丽、特色鲜明、景色宜人"的旅游线和休闲带。综合水利工程、生态环境、旅游开拓等多项事业，与旅游部门联合推出水利文化一日游、苏州水文化深度游等特色旅游线路，与体育部门联合开展水上项目比赛，与苏州钓鱼协会联合举办"钓王杯"大赛，与教育部门联合举办科普学习、写生等实践活动。同时，严格保护生态环境和水土资源，防止和杜绝因开发带来破坏和污染。吸纳园林、互联网等多层次人才，通过岗位培训，提高管理人员素质，加强工程日常管理，创新使用无人机立体巡查，点线面全方位"无死角"管控，确保水工程安全、水景观安全、游乐设施安全、游人安全。工程沿线植被繁茂，林草覆盖率达到95%，水土流失治理率达到95%，自然生态保护完整度较好，生态环境保护度较高。

七浦塘水利工程管理突出重点，注重弘扬特色。根据规划将建设水文化公园，以七浦塘阳澄湖枢纽为依托，以弘扬水文化为导向，以增进人水和谐为目标，每个季度将开展丰富多彩的说水、讲水、演水、唱水、表现水的文化活动，提高市民关注水利、发展水利的认识，使水文化特色更加鲜明、有吸引力，成为人们旅游观光、科普学习、休闲娱乐的优选场所。

七浦塘水利工程总投资33亿元，工程的实施将阳澄淀泖区防洪除涝标准从20年一遇提高到50年一遇，有效改善区域水环境，保障阳澄湖饮用水水源地供水安全。

阳澄湖枢纽船闸

上图　江边枢纽
下图　七浦塘水利工程掠影

阳澄湖枢纽

连云港石梁河水库

石梁河水库又名海陵湖，位于新沭河中游，地处苏鲁两省赣榆区、东海县、临沭县三区县交界，1958年开工兴建，1962年建成，是江苏省最大的人工水库，是以防洪、灌溉为主,兼有发电、水产养殖、旅游等功能的大（2）型水库。水库承泄新沭河上游和沂河、沭河部分洪水，担负沂沭泗流域洪水调蓄任务，灌溉东海、赣榆90万亩*农田，既是沂沭泗洪水东调南下工程的重要组成部分，又是连云港市重点防洪保安工程。

石梁河水库具有鲜明的时代特征，中华人民共和国成立之后，针对境内地形特点，洪、涝、旱灾害统筹兼治，以拦洪、灌溉农业为指导思想，根据1957年淮河水利委员会《沂沭泗流域规划报告》精心规划和设计，建成石梁河水库。

水库枢纽工程有：泄洪闸2座，泄洪最大流量10131米³/秒；水电站1座，总装机容量1200千瓦；主坝1座、副坝2座；灌溉输水涵闸4座。

---

*亩：土地面积计量单位，一亩约为666.7平方米。

亲水栈道观湖

南北闸泄洪

水库工程采用自动化系统进行管理，该系统利用先进的测控技术、通信技术及设备，实现闸门启闭操作，水情、雨情、工情测报等自动化；数据采集、信息传递网络化；启闭运行实施监控现代化，保证了工程安全、高效运行。

27.95 米（废黄河高程）等高线以下为水库管理范围，面积为 92 平方公里，其中水域面积 85 平方公里，涉及周边东海县石梁河镇，赣榆区班庄镇、沙河镇。水库沿岸分布 23 个行政村，群众约 6 万人，以水库为中心开展生产生活。水库水质常年保持地表水Ⅲ类。

库区内气候优越，自然环境优良，生物种群丰富，植物种类 180 多种，动物种类 90 多种。水库生态湿地对调节气候、涵养水源、均化洪水、促淤造陆、降解污染物、保护生物多样性和为人类提供生产、生活资源等方面起到了很大作用。

库区内水文化景观独特丰富，不仅有主题雕塑"大禹治水""鲧殛羽渊"以及逐、游、垂钓等水文化小品等，还有水文化历史长廊，介绍了连云港水利发展的过去、现在和未来，科普水利常识和历史文化。

经过多年努力，石梁河水库建设成为国家级水利风景区、国家级安全生产标准化单位、省级水管单位、市级廉政文化示范点。

鸟瞰安澜广场

盐城射阳河闸

射阳河闸建设工程是国家"一五"计划重点工程，也是淮河治理序幕工程，由时任水利部副部长钱正英及苏联专家沃洛林亲临现场指导选址和设计。1955年9月动工兴建，1956年5月建成放水。该闸位于射阳县海通镇境内，主河道射阳河全长198公里，流域面积4036平方公里，流经扬州、淮安、盐城等三市六县（市、区）。闸总宽410.1米，总长148.8米，全闸共35孔，每孔净宽10米。

射阳河闸文化底蕴深厚。以"守潮人之家"党建工作室为统领，推行"五个一"活动，建设职工书屋，开展读书、歌咏和书法比赛，集体创作"全国水利首家守潮人之歌"，文体活动丰富多彩。"沃洛林别墅"、闸史陈列室建设反映半个多世纪风雨洗礼，《射阳河闸赋》《老闸门》等雕塑小品和"观澜台""听潮亭"等亲水景观星罗棋布，生态环保警言、古今名人诗句随处可见。射阳河闸建筑群被盐城市人民政府列为重点文物保护单位。盐城知名书法家、文学爱好者、摄影爱好者曾在这里泼墨挥毫或流连忘返。

射阳河闸工程效益显著。射阳河闸长期为流域范围内经济社会发展和人民安居乐业提供强有力的水工程支撑，是江苏省里下河地区涝水外排入海的最重要通道之一。建闸60多年来，以资源规划统领水土资源科学开发利用，累计为国家创收2700余万元。工程的挡潮御卤、排涝降渍、蓄淡灌溉、交通航运等功能得到充分发挥。先后抗御了多次台风高潮袭击和1965年、1991年、1998年、2003年、2006年、2007年特大涝灾及1966年、1978年、1994年、2010年严重旱灾。至今，已累计开闸20000余潮次，排水近2600亿立方米。卤水倒灌的历史一去不复返，工程控制流域已成为江苏省最为重要的工农业生产基地之一。

如今，盐城市射阳河闸管理所在市水利局、市工管处党委的领导下，开辟"精细化、法制化、效益化、人文化、信息化"新征程，正以优美的环境面貌、进取的干事热情、和谐的单位形象，创新理念，追求卓越，全面推行精细化管理，努力创树"精细、高效、厚重、和谐"的崭新射阳河闸，让射阳河闸永远成为江苏沿海水利的一道亮丽风景线。

射阳河闸全景

射阳河闸夜景

扬州黄金坝闸站工程

黄金坝闸站位于大运河遗产保护圈范围内，距古运河以西约 140 米，拦邗沟河而卧。闸站管理范围主要包括：仿古城墙式双向闸站，南侧合建过船套闸，泵站装置卧式轴流泵 4 台套，设计引水流量 18 米³/秒，排涝流量 3 米³/秒；配套明清风格的仿古官河节制闸和附属管理用房；环绕以吴王夫差雕塑为主题的吴王夫差广场而建。

该项目作为全国范围内第一个在大运河遗产保护范围内开工建设的水利工程，建设单位对工程的整体建设效果高度重视，在方案设计阶段汲取了大量的历史文化元素和扬州地方特色，力求与水利工程功能性要求做到有机融合，该方案最终获得了国家文物局的批准。正是秉承与时俱进、创新发展的理念，黄金坝闸站整体建筑采用飞檐翘角的明清时期城墙式建筑风格，古朴厚重，大气磅礴，同时又与水泵、闸门及清污机桥等现代设施相互交融，毫不突兀，突显了多元需求，使清水活水泵站与休闲娱乐广场相得益彰。既强调闸站的防洪挡洪、活水引水功能，仅闸站活水工程，每天最多可向城区输送 150 多万立方米清水；同时又采取开放式的闸站环境，吴王夫差广场以纪念建城先驱吴王夫差高达 8.8 米的雕塑为主题，在设计风格上融汇了丰富的扬州古典元素，并辅以现代建筑。在工程材质上，大量采用青砖、方砖、青石等古建材质，不仅与黄金坝闸站的整体建筑风格相得益彰，同时也营造了一种古朴大气的氛围。

黄金坝闸站让徜徉其中的游客如时空穿越般感受我国博大精深的古代文化，亲民的文化设施，也让群众感受扬州悠久水文化，享受愉悦视觉美感，向世人展示了今日扬州城薪火相传的历史归属感和兴盛繁荣的现代新气象。

黄金坝闸站

公元前 486 年，吴王夫差开邗沟，筑邗城，是为扬州城的诞生，历经 2500 多年的演变，扬州城的兴衰始终与水息息相关。为了彰显扬州水文化、改善城市民生环境，按照扬州市委、市政府"治城先治水"的先进理念，2015 年，黄金坝闸站在扬州建城 2500 周年庆典前夕建成。

上图 夫差广场
下图 夫差广场夜景

镇江引航道水利枢纽

金山湖位于镇江市区北部。镇江市通过近10年的北部滨水区建设,利用引航道水利枢纽和焦南闸将金山湖与长江分隔,使得原镇江老港池水体受控,形成8.8平方公里湖区的金山湖。镇江城区水系由金山湖水体以及古运河、运粮河、虹桥港等三条沟通金山湖与长江的城市骨干河道及其支流组成。金山湖周边与三条河道上建设有10座控制性闸站,通过联合调度,常年保持金山湖、古运河、运粮河、虹桥港等湖面及河道5.5~5.8米(吴淞高程)景观水位。

其中,引航道水利枢纽位于镇江市金山湖西侧,扼守引航道出江口,一桥飞架南北,连通主城区与征润州湿地。它是金山湖的标志性建筑、首要控制性工程。枢纽外观仅似一桥,实则结构新颖独特,闸—站—桥巧妙结合,中孔40米跨弧形钢闸门、"S"形叶片双向运行立式轴流泵均为国内首创,尽显现代水利工程的精巧通透,桥上"门"形景观塔楼寓含"镇江之门"之意,既是大江东下迎面而来的镇江城市之门,也是历史上长江入海的江海之门。

引航道水利枢纽具有挡洪、排涝、蓄水、引水、换水、控制内江水位、沟通南北岸交通等功能,主要建筑物包括"九孔十闸",设计过闸流量200米^3/秒。中孔闸门采用宽40米的弧形门,重达360吨;其两侧的闸孔采用宽20米弧形门,其中南侧为非标准船闸;为使工程建成后河道保持视觉通透效果,再往两侧各对称布置3孔净宽20米的下沉式平板门,非汛期落于门库内;泵站布置在中孔两个空腔式闸墩内,为双向运行泵站,每个闸墩内各布置2台套单机流量7.5米^3/秒的立式轴流泵,配560千瓦立式同步电动机,总装机容量2240千瓦,设计总流量30米^3/秒。门型景观塔楼高36米,公路桥宽30米,在引航道河流上方分为左右两幅。枢纽控制中心位于闸站内河侧南岸管理楼内。运行管理单位为镇江市城市水利管理处金山湖闸站管理所,为省一级水利工程管理单位。

引航道水利枢纽

引航道水利枢纽的建设大大提高了镇江城区防洪排涝能力，同时通过与金山湖周边闸站的联合调度实现金山湖湖内水体可调控，实现长江丰水期挡洪、排涝，枯水期引、换、蓄水，将金山湖水系长期保持在 5.8 米（吴淞高程）左右的景观水位。枢纽自 2012 年投入运行后即频繁启用，年均丰水期开闸引换水 50 次、枯水期开泵引换水 1300 台时，年均总引水量达到 1.2 亿立方米，有效保障了金山湖及古运河、运粮河等通江河道的水安全、水生态、水景观。

引航道水利枢纽管理区

皂河水利枢纽

皂河水利枢纽位于宿迁市宿豫区皂河镇北 5 公里处,雄踞于骆马湖西大堤和邳洪河之间,南至皂河节制闸,北至皂河二站。面积约 0.983 平方公里,其中水域面积约 0.414 平方公里。景区以站为骨,以水为系,以绿为体,以花为姿,携运河沿线的秀美景色,构成了一幅锦绣的风光画卷。最为引人注目的是,它依托宏伟、壮观的大型水工建筑物,展现出一幅完美的工程画卷,景区内自然景观与人文景观的高度融合,形成了水利工程的独有景致。

皂河枢纽主要包括皂河抽水站、皂河闸、皂河二站等大型水工建筑物及其附属工程。特别是皂河抽水站是由中国工程院院士周君亮亲手设计,创造出"亚洲第一泵"的美誉,同时荣获国家优秀设计金奖。历经岁月的积淀,皂河抽水站韬光养晦、精进不休,站内的主机、辅机仍是全国水利泵站领域的活教材。

皂河枢纽是一座集抗旱灌溉、排洪泄涝、水利发电、航运于一体的大型水利工程,主要担负向骆马湖补水和黄墩湖地区排涝的任务,为江苏省内的徐、宿、连地区 1200 万亩水稻用水提供部分水源。正常情况下,可以保证沿湖地区 200 多万亩农田灌溉用水,还可以给黄墩湖地区 335 平方公里的洼地排除内涝。工程建成以来,对徐、宿地区生产生活用水以及中运河的航运都发挥了巨大的作用。同时作为南水北调东线工程第六梯级,枢纽发挥自身功效,为南水北调事业增砖添瓦。

泵魂广场

左图　皂河二站

右图　皂河抽水站

皂河枢纽内水文景观丰富，中运河与邳洪河犹如两条丝巾，依偎在堤坝之上，沿河两岸，绿树成荫，碧水浩荡。景区内四季分明，景色各异。清晨初上，沿河两岸，烟波浩瀚；夕阳西下，燕雀登枝，野趣横生。皂河日出、骆马唱晚、冬日雪韵、细雨薄雾等景观都独具特色。在不同的季节里徜徉景区，所见都有不同，一年四季，一朝一夕，既可领略现代水利枢纽雄姿，也可感受原生态的亲情雅趣。

如今，皂河枢纽水利风景区每年都会迎来众多的游客、学者，也成为各中小学校，甚至大学院校水利科普的重要场所，这不仅让人们更好地了解水、爱护水、珍惜水，也为江苏水利事业的发展描绘了一幅自然淳朴、奋勇拼搏的精彩画卷！

景区生机盎然

淮河入海水道大运河立交

淮河入海水道大运河立交位于入海水道与京杭大运河交汇处，是淮河入海水道工程的第二级控制工程。淮河入海水道大运河立交是亚洲同类工程中规模最大且极具特色的上槽下洞的水上立交工程，其作用是满足入海水道泄洪和京杭大运河通航，用于入海水道行洪的下部涵洞近期泄洪按流量2270米³/秒、上游水位11.53米、下游水位10.88米的标准设计；强迫泄洪按流量2890米³/秒、上游水位12.53米、下游水位11.78米的标准设计，共15孔，单孔断面尺寸6.8米×8.0米，上部通航渡槽按Ⅱ-（3）航运的通航标准设计，净宽80米。

立交航拍图

淮河入海水道工程是中华人民共和国成立以来淮河流域具有里程碑意义的重大水利建设工程，大运河立交作为淮河入海水道工程的重要枢纽工程，先后获得"中国建设工程鲁班奖""中国土木工程詹天佑奖""中国水利工程优质（大禹）奖""全国优秀工程设计金质奖"。2009年，荣获"新中国成立60周年百项经典暨精品工程"，位列第37位。为纪念新中国治淮60周年，中国邮政于2010年10月14日发行《新中国治淮六十周年》纪念邮票1套4枚，选取淮河流域河南、安徽、山东、江苏四省最具典型意义的治淮工程，大运河立交作为江苏治淮工程代表入选。

为充分体现该工程造福人民并与地域文化融为一体的水文化特点，立交地涵上下游分别建设了高31.9米的7层塔式仿古建筑，用悬索桥连接，桥头堡内部设有观光电梯。登塔远眺，北边是历史悠久的古城淮安，南边是气势宏伟的淮安水利枢纽水工建筑群，淮河入海水道与苏北灌溉总渠犹如两条长龙横贯东西。该工程现已成为淮安地区别具特色的人文景观和休闲场所，为古城淮安增添新的亮点，是大运河上的一颗璀璨明珠。

淮安立交渠夜景

洪泽湖大堤与三河闸、二河闸

洪泽湖大堤是淮河下游重要流域性防洪工程，位于洪泽湖东岸，北起淮安市淮阴区码头镇，南至盱眙县张大庄，全长 67.25 公里。洪泽湖大堤上承淮河上中游 15.8 万平方公里的洪水，下保苏北里下河地区 3000 万亩农田和 2600 多万人民生命财产安全，任何时候必须确保安全，被誉为"水上长城"。它和沿堤建筑物构成了洪泽湖控制枢纽工程，发挥着防洪、灌溉、城市供水、水产、航运、生态、旅游等综合效益。

洪泽湖大堤历史悠久，距今约 1800 年，始建于东汉建安五年（200），后经历代修建，不断加高、接长、培厚，特别是明、清两代，逐步将土堤加做石工墙，从明万历八年（1580）到清乾隆十六年（1751），经过 171 年才基本完成。

水上"长城"

云蒸霞蔚

洪泽湖大堤的堤工砌筑技术，反映了明、清历史时期的最高筑堤技术。洪泽湖大堤石刻是洪泽湖文化的重要组成部分，在洪泽湖文化传承中发挥着重要的作用，具有极高的历史价值和艺术价值。在千年古堰洪泽湖大堤已发现200余处内涵丰富、图案精美、文物价值和史料价值十分珍贵的石刻。包括"御旨""工程记录""吉言吉语"等。

2014年6月，中国大运河成为世界文化遗产。洪泽湖大堤周桥大塘、信坝成为列入世界文化遗产名录的重要遗产点之一。2015年，以洪泽湖大堤工程为主体的"古堰景区"，被国家文化和旅游部（原国家旅游局）授予4A级景区，日最大承载量18.6万人，瞬时最大承载量3.1万人，群众认知度较高。

鸟瞰周桥大塘

三河闸建成于 1953 年 7 月，是淮河入江水道的口门，是淮河流域重要的防洪控制工程。三河闸年均泄洪水量近 200 亿立方米，70% 以上的上游洪水由三河闸分泄入江，该工程发挥了巨大的防洪、供水和生态等综合效益。

三河闸工程的特色特征，一是工程规模大，工程共 63 孔，每孔净宽 10 米，闸室总宽 697.75 米，设计泄洪流量为 12000 米³/秒，是淮河流域第一大闸、江苏省第一大水闸。二是该工程是中华人民共和国成立初期的代表性建筑物，三河闸底板、铺盖、消力池、闸墩和门墩等结构设计轻巧，是中华人民共和国成立初期我国自行设计自行施工的大（1）型水闸，同时在中华人民共和国成立后历经 4 次较大规模加固，依然安全运行。三是管理水平高，是江苏省淮河流域第一家国家一级水利工程管理单位，是全国水闸管理的先进代表。四是重要性突出，工程保护着苏北里下河地区 3000 万亩农田、2600 多万人口生命财产的安全，为流域及地区经济社会可持续发展和生态文明建设提供有力的支撑和保障。

鸟瞰三河闸工程

三河闸上游为洪泽湖，下游为淮河入江水道，南侧为 1816 年始建的礼坝遗址，1851 年决口，坝后冲成深塘，现为老三河塘。

三河闸治水遗存众多，有 1701 年铸造的 2 尊铁犀，乾隆御碑 2 块以及明清和民国时期治水碑刻 20 余块，三河闸工程陈列室，刘少奇、王光美下榻处等文物。

三河闸工程启闭机房采用"诗意长廊"外观设计，工程将桥头堡抬升成龙头形象，与 700 多米的启闭机长廊整体构成一条扼守洪泽湖咽喉之地的卧波蛟龙。工程设计整体采用宋代建筑风格，巧妙地将建筑之美、传统文化与工程建设结合起来，打造出新的标志性工程外观。

2003 年，三河闸水利风景区被水利部授予国家级水利风景区，2005 年被旅游部门授予 2A 级风景区。风景区的建设可为周边群众提供休闲散步的好场所，故社会支持度高。目前，三河闸水利风景区属纯公益性，景区内人流较大，游客每年近 10 万人次，已逐渐成为周边市民和游客观光游览、休闲娱乐的好去处。

淮河雄关

晨光下的三河闸

二河闸位于江苏省淮安市洪泽区高良涧东北约 7 公里处（淮安市洪泽区滨湖路 350 号），建成于 1958 年，为大（1）型水利工程，共 35 孔，单孔净宽 10 米，闸总宽 401.8 米，设计流量 3000 米³/秒，校核流量 9000 米³/秒。

二河闸是淮水北调、分淮入沂和淮河入海水道的总口门，又是引沂济淮的渠首，发挥着泄洪、灌溉、航运、供水等综合效益，受益范围涉及淮安、宿迁、连云港及盐城 4 市 10 多个县区，是地区有重要影响力的水利工程。目前二河闸管理所是国家级水利工程管理单位，二河闸是省级水利风景区，是江苏省人民政府确立的省级文物保护单位。

中华人民共和国成立之后，中央人民政府政务院作出了《关于治理淮河的决定》，毛泽东主席又发出了"一定要把淮河修好"的伟大号召，淮河流域开展了声势浩大的治淮工程。二河闸就是在这种历史背景下应运而生，工程于 1957 年 11 月开工建设，至 1958 年 6 月建成，历时不到 1 年，其中土方工程约 267 万立方米，石方工程约 12 万立方米，耗费混凝土 6 万余立方米，钢筋约 2000 吨。

自工程建成投入使用以来，二河闸泄水总量超 4000 亿立方米，相当于 100 余个洪泽湖总蓄水量。近年来，二河闸年均泄水量约 80 亿立方米，在地区社会经济发展中发挥着越来越重要的作用，被誉为"洪泽湖的北大门、苏北四市的水龙头、四河航运的大秤砣、淮北发展的助推器"。

上图　二河闸全景

下图　淮河湾文化长廊

江都水利枢纽

江都水利枢纽是江苏江水北调的龙头和国家南水北调东线的源头，地处江苏省扬州市境内京杭大运河、新通扬运河和淮河入江水道交汇处，主要由4座大型泵站、12座大中型水闸、3座套闸、2座涵洞、2条鱼道及输配电、引河工程组成，具有抽江北送、自流引江、抽排涝水、分泄洪水、余水发电、保障航运、改善生态环境等功能。其中，江都抽水站共装机33台套，设计流量400米³/秒，现装机容量55800千瓦、流量508米³/秒，为我国乃至亚洲规模最大的电力排灌工程，被誉为"江淮明珠"。

江都水利枢纽工程是我国第一座自行设计、制造、安装和管理的大型泵站群，从规划布局、设计施工到运行管理，堪称江苏和全国治水的典范。该工程气势磅礴，综合效益显著，生态环境优美，风景映像如画。在多年的建设与发展中，始终注重把握水脉，依托水利枢纽工程，持续打造源头中心区、万福归江文化园、邵仙运河文化园、宜陵生态文化园"一区三园"水景观；始终坚持融合江淮文化、运河文化、扬州地域文化，保持建筑历史特征和时代特色，综合功能性、哲学性、文化性和美学性，体现水工程功能、效益、质量、安全、美观的统一；始终贯穿生态文明理念，通过水域空间营造、水工建筑表达、文化体验设计，成为水利工程与生态文明相辅相成、历史印记与现代文化交相辉映、水利特质与源头特征融为一体的大型水利枢纽工程。

江都水利枢纽三站

鸟瞰江都水利枢纽

江都水利枢纽万福闸

一江清水北上，为有源头江都。江都水利枢纽工程凝聚了水利人的智慧，实现了江淮互济、南水北调的梦想，展现了江苏现代水利发展的画卷，见证了中华民族科学治水的创举。该工程于 2001 年被授予首批"国家级水利风景区"，2012 年被评为"中国百年百项杰出土木工程"，江都水利工程管理处先后荣获"全国绿化模范单位""全国文明单位""国家级水管单位"等 50 多项荣誉，是全国水利行业的标杆和窗口单位，可谓功勋卓著，明珠闪亮，厚泽远扬。

武定门节制闸

武定门节制闸是秦淮河的骨干控制性水利工程，建于 1959 年 11 月，翌年 9 月竣工，是 20 世纪 60 年代南京地区最大的中型以上水利建设工程，工程早期外观由中国近现代建筑设计开拓者杨廷宝教授指导设计。60 余年来，武定门节制闸（以下简称"武闸"）承担着秦淮河流域 2684 平方公里内的防洪排涝、抗旱灌溉、水环境改善等任务，秉承"厚德、厚植、厚润"精神使命，在发挥水利工程兴利除害功能的同时，让水利工程更"文化"，展现出富有秦淮河流域特色的治水兴水的人文关怀和文化魅力。

厚德浚引，与时代发展相融合。武定门节制闸见证了时代发展的治水兴水节点。中华人民共和国成立伊始，江苏省委省政府把兴建武闸作为秦淮河治理重点项目来抓。立足百年大计，工程建设者在祖国的号召下，从革命部队和祖国各地齐聚而来，夜以继日奋战在寥无人烟、十分荒凉的武定门外秦淮河边施工工地上。为了解决物资紧缺的困难，建设者们在荒芜的工地上一边干工程一边搞生产，自给自足，严格执行工程质量要求，保障了武闸如期竣工。秦淮河水悠悠，60 余年来，武闸见证并参与了中华人民共和国成立以后，中国共产党带领人民进行秦淮河流域治理的光辉奋斗历程，经历了历次秦淮河洪水和长江大洪水，取得了历次防洪抗旱的全面胜利，被誉为流域"守护神"，为流域及南京市经济社会发展打下了坚实的基础。

改造前的武闸

武闸全景

鸟瞰武闸

厚植精业，与流域文化相融合。秦淮河文脉悠长，浸润着魅力古都的深厚底蕴，承载着创新名城的澎湃动能。武闸紧邻有 600 多年历史的南京明城墙，与夫子庙、中华门、大报恩寺、江南贡院、七桥瓮遥相呼应，集治水文明和现代水工程于一体，实现了历史底蕴与现代水利的完美融合，已成为百里夫子庙风光带上独有的水利建筑，省会城市的超强"水文化 IP"。近年来，武闸充分发挥水利工程在丰富城市景观、传播水文化、开展水情教育工作中的关键作用，增设了秦淮水韵石刻画、秦淮流韵景物图卷壁画、水润江苏水情长廊、水韵秦淮主题雕塑、法治水利宣传园地等多项水文化附属景观。这些别具一格的水文化项目展现着秦淮河悠久深厚的历史底蕴和水利工程造福流域人民的生动画卷，共同诉说着现代水利设施与城市文化和谐发展的水利篇章，成为社会各界接受秦淮水文化熏陶的重要载体，年受众人数超 5 万，公众了解水情，媒体关注水情，悠悠水情"飞"入千家万户。

厚润秦淮，与水利精神相融合。在大力推进水生态文明建设的今天，武闸将守护幸福河湖列为己任，以武闸人为代表的秦淮水利人秉持"厚德、厚植、厚润"精神，恪守着水利人自强不息的品质。自 2005 年起，武闸启动秦淮河生态补水工程，武闸人全年坚守在工程调度一线，为改善城市水环境默默贡献着水利改革发展的利民红利。2021 年，武闸为秦淮河实施调度补水 16 亿立方米，在不断提升工程水文化底蕴的同时，也让桨声灯影里的秦淮河永葆美丽、繁华与活力，河畅、水清的良好水生态成为秦淮河流域的鲜明"底色"，城水共生、人水相依成为秦淮河畔最动人的画面。

南京城依河而建，依河而兴。名胜古迹众多、文化底蕴深厚的秦淮河赋予武闸极为优越的自然条件和极大的水文化发展潜力，半个多世纪的守护，武闸早已成为秦淮地区的标志性建筑之一，与周边夫子庙秦淮风光带相得益彰。

近年来，秦淮河水利工程管理处深入贯彻落实习近平总书记"依托大型水利枢纽设施和水利枢纽展览馆，积极开展国情和水情教育"的重要指示精神，积极利用区位优势，发挥水利工程在丰富城市景观、传播水文化中的作用，实现了历史底蕴与现代水利的完美融合。

望虞河常熟枢纽

望虞河常熟枢纽位于有着"江南福地"美誉的常熟市海虞镇郊，距长江口约 1.6 公里，是排泄太湖洪水的骨干河道——望虞河入长江的控制工程，也是"引江济太"的龙头工程。

望虞河常熟水利枢纽于 1994 年开工建设，1999 年通过竣工验收交付使用。该工程由泵站、变电所、节制闸、上下游引河、110 千伏和 10 千伏专用供电线路等组成，区域面积约 1.195 平方公里，其中水域面积约 0.584 平方公里。工程采用闸站结合型式，节制闸为 6 孔，单宽 8 米，泵站安装 2.5 米直径的立式开敞式轴流泵 9 台套，总装机容量 9000 千瓦，抽水能力 180 米³/秒。该枢纽在同类型水利枢纽中首次采用双层流道、上下游四道闸门进行双向切换，达到引排兼顾的效果，兼具挡潮、灌溉、排涝、引水、通航及改善流域水环境等综合功能。

望虞河常熟水利枢纽自建成以来已累计引排水 615 亿立方米，为保障太湖防洪安全和供水安全发挥了重要作用。自 2002 年实施"引江济太"调水引流工程以来，望虞河常熟水利枢纽引水 284 亿立方米，其中入太湖 126 亿立方米，有效改善了太湖流域水环境，缓解了太湖地区的水质型缺水状况，特别是在 2007 年太湖遭遇蓝藻危机后，工程积极投入太湖水环境综合治理运行，赢得了"太湖新源头"的美誉。

左图　工程近景

右图　滨水景观

2008年12月至2015年8月，望虞河常熟水利枢纽实施了加固改造，并以此为契机，积极推动对水工建筑物外观、区域环境综合整治的优化设计，强调工程的环境效益、生态效益与社会效益相结合。工程建筑采用苏式园林风格，区域内采用江南水乡式设计，意境悠扬的休憩亭、种类多样的植物景观、雅致的鹅卵石走道、丰富的水利科普等，将文化理念渗透到工程的每一个细节之中。2015年，依托水利工程成功创建江苏省水利风景区，在保一方安澜的同时，成为一处融水利科普、观光游憩、文化体验、休闲度假等为一体的综合型水利地标。

泰州引江河高港枢纽

泰州引江河位于泰州市与扬州市交界处，南起长江，北接新通扬运河，全长24公里。工程傍水而生，既是国家南水北调的水源工程，也是国家沿海开发的战略工程，是一座以引水为主，集灌溉、排涝、航运、生态、旅游综合利用为一体的大型水利枢纽工程。

泰州引江河高港枢纽集聚泵站，节制闸，调度闸，送水闸，一、二线船闸，110千伏变电所，实现了抽引灌溉、抽排防洪双向调节，为水资源调控提供了保障。高港枢纽近年年均引江水30亿立方米，江水通过引江河流向苏北、东部沿海及里下河地区，流量可达600米^3/秒，受益耕地达300万公顷；扩大江水北调能力，长江水通过高港枢纽，经新通扬运河、三阳河、潼河，由宝应站抽入里运河北送，增加南水北调送水量200米^3/秒，把江水源源不断地送往水资源缺乏的北方地区；提高防洪排涝标准，可抽排里下河腹部地区涝水300米^3/秒下泄入江，确保江淮安澜兴盛。

高港一、二线船闸可放行千吨级船舶，随着沿线航道的开拓，里下河和东部沿海地区架起了一条长300公里的水上航道，加速了区域物资流通，推动了沿线经济联动发展。

泰州引江河高港枢纽水文化主题公园内，航船扬帆，碧波荡漾，乔、灌、草相间，色、香、形结合，春草、夏花、秋叶、冬果四季景色调和，移步易景。琴园、棋园各有特色，三月潭、引凤湾交相辉映，"樱鸿帆远"园区以双面石刻浮雕墙"凤生水起"为引，以"凤凰引江赋"为纲，"凤凰引江""善泽东方""里下河韵""古运新曲""长江水脉""水美江苏"6座主题雕塑串联，配以成林的樱花，美不胜收，充分彰显"凤凰引江"文化特色。宏伟的水利工程、优美的自然风光、鲜明的文化景点……组成了生态环境美、景观效果好、经济效益佳的综合性大型水利园林示范区，展现了一幅生态与文明融合发展的美丽画卷。依托枢纽建成的泰州引江河风景区不仅是国家3A级旅游景区、国家水利风景区、江苏自驾游试点单位，还跻身"泰州城市八景"，成为泰州市民休闲娱乐的好去处。

鸟瞰泰州引江河高港枢纽

高港船闸

三月潭

水韵江苏·河湖印记丛书

最美水地标——水景观

南京玄武湖

玄武湖东枕紫金山，西靠明城墙，宛如一颗璀璨的明珠镶嵌在古城南京之中，是国家级风景名胜区——钟山风景区的重要组成部分、国家 4A 级旅游景区、国家重点公园、国家水利风景区、江苏省首家挂牌的"书香公园"。景区周长近 10 公里，占地面积 5.13 平方公里，其中水面面积 3.78 平方公里，陆地面积 1.35 平方公里。优美的风景、整洁的环境和井然的秩序使得玄武湖越来越受到市民和游客的欢迎，景区 2016 年游人数量达 1813 万人次，被誉为"城市客厅，百姓乐园"。

玄武湖历史悠久，文字记载最早可追溯到 2200 多年前的先秦时期。从先秦两汉到民国初年，玄武湖先后共有 18 个名字，秦以前称"桑泊"，后秦始皇改称"秣陵湖"。公元 446 年，南朝宋文帝刘义隆因都城四神布局的需要，改湖名为"玄武湖"，此名迄今已有 1570 多年的历史。玄武湖六朝时期为皇家园林，明朝时为黄册库，清末开始向"公共园林化"方向发展，1928 年 8 月 19 日，玄武湖作为公园正式对外开放，2010 年 10 月 1 日全面免费开放。

山水城林

左图　玄武门
右图　阅武夕照

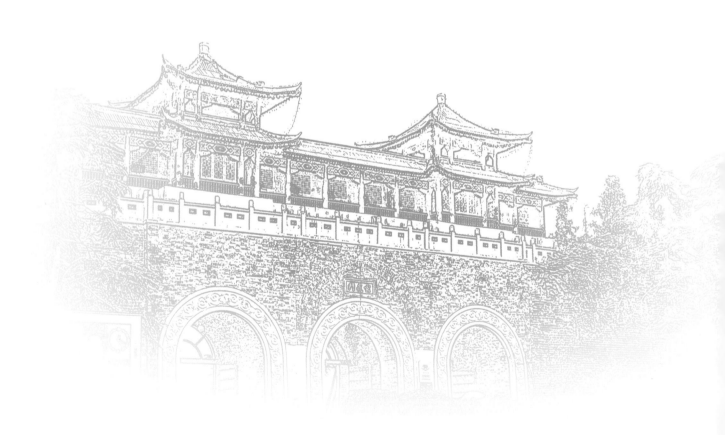

玄武湖是自然湖泊，主要汇集紫金山北麓区域雨水，共有唐家山沟、紫金山沟等5条入湖河道，通过武庙闸、和平门闸等4个出水口与城市水系相连，承担汛期排水，平常开闸冲洗城市内河、改善内河水质的功能。其中，武庙闸是玄武湖主要的出水口，也是南京最早的水关，它最先出现在吴宝鼎二年(267)，明朝初年朱元璋修建城墙时重新建造，时称"通心大坝"，清同治年间更名为武庙闸，它对研究我国古代的水利建设技术具有重要价值。

景区文化底蕴深厚，名胜古迹众多，现有全国重点文物保护单位武庙闸，还有湖神庙、郭璞墩、留东同学会旧址等6处市级文物保护单位，以及览胜楼、友谊厅等各类景点54处。"金陵莫美于后湖，钱塘莫美于西湖"……许多历代文人骚客、政要名流曾在此留下身影，至今尚存许多遗迹与诗篇，皆为后人传为美谈。

玄武湖生态良好，在城市景观、生态、蓄洪、排水等方面发挥着重要的作用。景区碧波荡漾，处处绿树成荫，植物品种丰富，绿化覆盖率达88.7%。景区鸟雀成群，生物资源丰富、生态资源完整，被誉为"城市氧吧"，夏季气温低于市区2~3摄氏度，空气质量明显优于市区。

上图　玄圃大观
下图　武庙古闸

无锡长广溪

长广溪自古以来一直是外太湖经五里湖进入无锡城的水上捷径。长广溪的历史可追溯到三国东吴时期。公元245年，东吴孙权为了政治和军事需要，派典农校尉陈勋屯兵3万开挖疏浚长广溪，兴修水利，发展农业和渔业，使之成为贯穿太湖与蠡湖的水上通道，水利万物，使无锡形成了"湖水抱城，滨湖而居"的自然景观。历代名人为长广溪留下了大量的赞颂诗词和民间故事。据清史稿记载："东溢为五里湖，南出为长广溪，西迳吴塘门，仍入太湖。""长广溪"河名取"溪阔水长"之意。

长广溪·石塘春光

长广溪国家水利风景区西依军嶂山、北连蠡湖、东邻太湖新城、南靠太湖，景区规划全长 10 公里，面积 5.68 平方公里，其中水域面积约 1.62 平方公里。规划有重点保护区、湿地展示区、游览活动区和管理服务区等区域，堪称水鸟天堂、鱼类天堂。于 2011 年建成开放的一期 3.5 公里段，其水净化、栖息地、植被、科普教育展示四大系统俱全，已成为自然与人类和谐相处的典范。于 2014 年建成开放的二期区域南北向长约 4.5 公里，占地面积约 4.16 平方公里，通过实施绿化建设、河道清淤、驳岸修整、水生植物培植、基础设施建设等，完成蠡湖直通太湖 10 公里的清水通道，成为贯通太湖和蠡湖的一条"生态走廊"。

长广溪国家水利风景区在开发建设过程中，立足现代水利、民生水利、文化水利、生态水利、资源水利、环境水利六大理念，做足水文章，彰显出无锡人民对水利发展的新追求。

长广溪·荷塘初夏

上图　长广远望
下图　石塘古亭

徐州潘安湖

潘安湖位于徐州市贾汪区西南部，其前期有着数百年的煤矿开采历史，却由于煤矿资源的枯竭，地表发生严重塌陷，导致耕地不均匀而塌陷沉降，形成大片的低洼耕地，道路断裂，涝灾频繁，耕地产出率低下，无法满足正常生产和生活需求。为此，一直以来，贾汪区人民政府曾尝试着多种整治方案，但因塌陷区地势复杂，效果都不明显，严重制约了贾汪区经济发展。2010年，在振兴徐州老工业基地的过程中，贾汪区抓住机遇，开辟了一条全新思路，规划实施兴建潘安湖水系贯通工程。根据项目区地表沉降深度和自然环境、水文水系等特点，因地制宜，进行综合整治。针对破坏较轻微的区域，削高填低，再以复垦耕地为主，建立健全排灌系统；对于破坏严重的区域，采取挖深垫浅的方法，构建不同类型的水域生态系统。

2010—2012年，工程被列入徐州市、贾汪区重点工程，以高标准设计、高规格建设、精细化施工为要求，全力打造精品工程。景区共栽植大树乔木16万棵、灌木及地被100平方米、水生植物98万平方米，景区内有18座桥梁、12座码头、12个停车场、11公里的环湖路、7公里游步道、10公里的木栈道以及环湖8项地下市政管网。

工程建成后，于2013年成功创建成省级水利风景区；又于2014年成功晋级为国家级水利风景区。

潘安湖湿地一角

如今的潘安湖群山环抱，峰峦叠翠，湖岸线逶迤曲折，伸向茫茫天际。一湖碧水，清冽纯洁。泛舟湖上，波光粼粼，野鸭起落。远眺松涛竹海，白鹭翩飞。公园内，湖岸边、芦苇、蒲草、菱角等水生植物星罗密布，置身其中，给人以回归大自然的美妙感觉。

潘安湖犹如诗人苏轼笔下的西湖般，既有"水光潋滟晴方好"的明朗美，又有"山色空濛雨亦奇"的朦胧美。无论是阳春三月，还是莲接碧天的夏日，抑或是月浸三潭的秋天，梅花疏影的飘雪冬季，都会使游客们为之倾倒，为之惊叹，为之心醉！潘安湖既是幽静的仙家，又是神奇的童话，既是徐州的后花园，又是"山水贾汪　美丽泉城"的名片。

常州天目湖(沙河水库)

沙河水库位于溧阳市南8公里处，天目山余脉延伸的丛岭地带，主坝横跨于钓鱼台、磨子山间的老沙河中段，源出安徽省广德县边境之仙人界、木子岕及溧阳市之石龙岕、李丰岕、西塘岕等8条支流，48条涧溪。水库于1958年动工建设，于1961年建成，集水面积148.5平方公里。枢纽工程有主坝1座、副坝5座、泄洪闸1座、上珠岗分洪闸1座、泄洪隧洞1座、输水涵洞3座，是一座以防洪、灌溉、供水为主，结合旅游开发的大（2）型水库。

沙河水库库内湖水清冽，水质纯净，群山环抱，峰峦绵亘；无论是漫步于湖畔，远眺烟波浩渺的烟雨山水；还是乘坐游船徜徉在碧翠的湖水中，体会水库的漫漫柔情。水库拥有历史文化底蕴的湖里山、富含野趣风味的龙兴岛、茶韵深远的中国茶岛，都能够让游客醉心于自然山水。来到水库，您既可登山揽胜，又可泛舟游湖，岂不悠哉。

鸟瞰天目湖

山水园

湿地公园

激情夏夜

常州春秋淹城

春秋淹城遗址位于常州市武进区，考古证实距今已有 2700 余年历史，是国内保存最完整、形制最独特的春秋地面城池遗址。

淹城遗址东西长 850 米，南北宽 750 米，总面积约 65 万平方米，其体量与《孟子》"三里之城，七里之郭"的记载吻合。从里向外，由子城、子城河、内城、内城河、外城、外城河三城三河相套组成。淹城的城墙系开挖城河所出之土堆筑而成，三道城墙均呈梯形，现高 3~6 米，墙基宽 32~42 米，上宽 8~13 米。三道护城河平均水深 4 米，宽 30~50 米，最宽处达 60 余米。

淹城的"三城三河"形制，世界唯一。研究认为，这种形制既利于防范御敌，又利于防洪蓄水，使军事要塞与当地气候条件完美结合。它完整保存至今，弥补了中国乃至世界城市发展链条上缺失的一环，在城市规划建筑史上具有世界意义。1988 年，淹城遗址被列为全国重点文物保护单位；2009 年，荣获联合国环境可持续发展项目金奖。

淹城遗址内出土珍贵文物千余件，包括 4 条独木舟、20 余件青铜器和大量原始青瓷器、陶器。在出土文物中，一条长 7.45 米的独木舟，经 C14 测定距今已有 2800 余年的历史，是中国目前发现的保存最完整、最古老的独木舟，有"天下第一舟"的美称。内城河出土的三轮青铜盘，造型奇特、制作精美，在中国历代发现的青铜文物中为孤品，具有极其重要的考古和历史文化意义。此外，青铜牺盉、尊、盘、匜、簋、鼎、钩鑃、剑等文物，为研究常州乃至江南历史文化提供了重要的实物证明。遗址出土的文物分别收藏于中国历史博物馆、南京博物院、淹城博物馆等地。

淹城遗址（三城三河）

常州市武进区严格根据南京博物院主持修订的《淹城遗址总体保护规划（修编）》进行淹城遗址保护工作。遗址范围内，对城墙和堤岸进行保养加固、河道清淤，防止水土流失，保护水系生态；进行绿化整治，对古树名木建档立卡，保持遗址原生态环境。以淹城遗址为依托，遵循"保护、利用、开发、创新"的原则，建成中国春秋淹城旅游区。旅游区对外开放运营至今，累计接待海内外游客超 2000 万人次。根据 2016 年中国质量认证中心测算，"常州武进春秋淹城"的品牌价值被评估为 20.85 亿元。2017 年 2 月，中国春秋淹城旅游区被评为国家 5A 级旅游景区。

淹城遗址·孙武草庐

淹城遗址·内城河

淹城遗址·子城荷花

苏州环太湖大堤

苏州环太湖大堤是以环太湖大道为主轴，以太湖山水为依托，以沿湖旅游配套功能设施为基础的集度假观光、防汛防洪、体育赛事、节庆演艺、会议会展于一体的文旅体旅融合综合功能区。

作为主轴的环太湖大道，东起太湖湖滨国家湿地公园大风车处，沿着太湖岸线，一直到光福镇渔港村与高新区的分界点为止，全线长约30.6公里。道路配套设施丰富，建设有彩色慢行步道、特色公交候车亭、灯光照明、景观绿化。特别是新改造的 23 公里的光福镇与高新区交界处沿太湖岸线南行至太湖大桥路段，新建了"太湖蓝"自行车专用道，供跑步健走、自行车骑行者使用，深受游客好评，是一条具备防汛防洪、旅游观光、体育健身、交通分流等功能为一体的公路。

环太湖大道

道路沿线旅游配套功能设施丰富，有国家5A级景点太湖湖滨国家湿地公园，是目前华东地区最大的集生态、休闲、娱乐、教育和科研为一体的国家级湖滨湿地公园；有苏州胥口水利风景区，是国家级水利风景区，以胥口水利枢纽为基础，融防洪、排涝、引水、通航、环保、旅游等功能为一体；还有可容纳2万人的太湖新天地综合服务区、水上舞台演艺区、太湖国际会议中心、健身步道、山地自行车道、太湖高尔夫球场、自驾房车露营基地、足球运动中心等配套设施，适合开展文艺演出、体育健身、团建、路演、展示、博览、亲子等活动。

太湖山水是这里的灵魂，也是基础和依托。这里拥有优质的空气、水质，远离噪声污染，渔洋山顶是欣赏太湖最美的地方；太湖水星游艇俱乐部让游客在太湖上享受慢生活；丽波湾花海吸引游客畅享在太湖的天与地之间；海洋馆是孩子们欢乐的世界。太湖大桥复线和渔洋山隧道的通车，拉近了人们和太湖的距离。趁着清爽的秋风，约起来，跟着"太湖蓝"去骑行吧！

太湖大桥

太湖"新天地"生态公园

悦享太湖

苏州暨阳湖

暨阳湖位于张家港市市区南部，总面积 18 平方公里，其中水域面积近 2 平方公里。景区将水利工程建设与水环境治理、水景观打造、水文化展示、水利旅游开发有机融合，描绘了一幅人与自然和谐比邻的美丽生态画卷。2013 年 10 月获批为国家级水利风景区。

环城河水利风景区以市域骨干引排控制枢纽——朝东圩港枢纽工程、清水廊道——环城河河道工程为重要依托，通过拓浚整治与其相连相通的东横河、谷渎港等市区生态河道，串联起以暨阳湖水生态景区、谷渎港水文化景区、东横河与沙洲公园人文历史景区"一湖、一港、一园"为核心，既各具特色又浑然一体的城市河湖型水利风景区。走进"港城绿肺"——暨阳湖，展现在眼前的是一片碧水无垠、百鸟争鸣、绿肥红瘦、游人如织的水生态风景区，景区内的湖滨广场、金沙滩、望湖亭等多处景点都让人流连忘返。从暨阳湖景区向北，便是具有"城市客厅"之称的谷渎港，这是一条既赋有时代特色又保留着杨舍堡城、青龙南桥、水关石碑等丰富水文化遗迹的城市亲水休闲走廊，处处洋溢着浓郁的水乡风貌。北出谷渎港尽头，便是景区内又一条清水廊道——东横河。坐落在东横河南岸的沙洲公园，溪声潺潺、绿意盎然，其以小桥流水的苏式园林特色、深厚的人文底蕴被称为张家港城区的"水榭庭院"。

鸟瞰暨阳湖

"海头江尾古暨阳，水慕江南绕城歌。"一方水土育一方人，得到山水氤氲启发的张家港人正用绿色生态的发展眼光，将"一湖、一港、一园"的美，融合成环城河水利风景区四季旖旎的迷人风光，让每一个来到这里的人，都感受到这座城市水般的柔情、花样的时光，感受到"人在景中，景在心内"的幸福美好。

上图　东横河全景
下图　早春下的谷渎港

秀美镜湖

碧水蓝天间

南通濠河

濠河是国内仅存的保留最为完整且位居城市中心的四条古护城河之一，史载后周显德五年（958）筑城即有河，距今已有1000余年的历史，见证了南通城区的社会历史发展。濠河浑然天成，全长10公里，水面面积1040亩，最宽处215米，最窄处仅10米，独特的"宝葫芦"形护城河水系留存完好。

濠河两岸人文荟萃，历史文化特征显著。濠河景区现有全国重点文物保护单位2处、省级文物保护单位6处、市级文物保护单位20处、市级优秀历史建筑20处。环濠河游览博物馆群颇具规模，目前已建有各类博物馆20余处，包括中国第一座博物馆——南通博物苑，以及设有展示世界非物质文化遗产——梅庵古琴的梅庵书苑，展示国家级非物质文化遗产——蓝印花布、哨口风筝、仿真绣的南通蓝印花布博物馆、南通风筝博物馆及沈寿艺术馆。

濠河水环境综合整治是永恒的主题。自20世纪80年代以来，通过打坝断航、迁污截流、定期清淤以及建闸造泵、独立引排等一系列措施，对濠河水质进行了根本性的整治，濠河水质达到了国家Ⅳ类水标准；坚持亲水建绿，营造和谐的景观环境，先后傍水建造了濠西书苑、体育公园、启秀园等30多处具有生态园林特色的生态亲水景观。近年来，濠河水环境整治逐步实现科学治理，引入生态清淤的新技术，完善净水、活水、清淤、生态和景观五大工程为一体的创新思路。

上图　美丽濠河
下图　濠河夜景

如今的濠河，随着时代的变迁，灌溉、通航的功能已然远去，但依然在防洪排涝方面发挥着重要作用，并且生态效益显著。数百种树木花卉遍布周边，绿树成荫，天蓝水绿，濠河景区成为城市天然绿肺和氧吧，重新迎来野鸭、江鸥、鱼鹰等自然生态群体。"生态濠河、生活濠河、文化濠河、旅游濠河"展现出独特的魅力，吸引着国内外游客的眼球。

2001年，濠河生态建设工程荣获江苏人居环境范例奖；2005年，濠河综合整治与历史风貌保护荣获中国人居环境范例奖；2015年，南通市荣获江苏省人居环境奖，其中濠河第一生态圈建设工程作为重点案例获得省专家组好评。濠河风景区为省级风景名胜区、国家5A级旅游景区，并被省人民政府列为江苏省第一批历史文化保护区。

上图　绿苑探幽
下图　生态绿地

濠西书苑

淮安清晏园

清晏园是我国治水和漕运史上唯一保存完好的衙署园林，是国家水利风景区、国家水情教育基地、国家 3A 级旅游景区、全国文物保护单位、江苏省十佳水利风景区、全国最美景区，有"江淮第一园"之称，多年来一直是淮安市旅游地标。

明永乐时，这里为户部分司公署，距今已有约 600 年的历史。清康熙十七年（1678），清政府在清江浦设官治河，河督靳辅在明代户部分司旧址设立行馆，后经历任河督整修，公园渐成规模。清晏园曾先后被称为西园、淮园、澹园、留园、叶挺公园、城南公园。1991 年，公园更名为清晏园。

清晏园位于淮安市人民南路 92 号，占地 120 亩，其中水面 50 亩。景区三面水系围绕，有内湖荷花池，外河文渠河及沟通关帝庙、环漪别墅内河水道，形成了外河、内河溪流、水池等较为丰富的水体和完整的水系，极大地丰富了景区的空间结构。

湛亭

鸟瞰清晏园

上图　奏疏馆

下图　荷芳书院

景区总体布局为：由南经北分布着环漪别墅、黄石园和荷芳书院景区，魁星阁、淮香堂和荷芳书院三个景点坐落在中轴线上。东侧建有序园、总督河道部院等景区，西侧有叶园、明代关帝庙等景区。园内亭、台、楼、阁、假山错落有致，曲径、长廊、流水循环往复，四季花繁木盛，秀丽典雅，兼具南方园林之秀丽和北方园林之雄奇，为典型的古典园林景观。

总督河道部院是清代最高的治水机构，是国家在京城以外专设的治河决策、指挥和管理机构，管辖着黄、淮、运河。从1678年始，清代常驻淮安的河道总督共有56任，45位，历时183年；咸丰十一年（1861），清政府裁河道总督，漕运总督由淮安府迁驻清宴园，历时43年；光绪三十年（1904），裁漕运总督，总督署改为江北巡抚署；1905年改设江北提督于此。

现总督河道部院总督馆、科技馆、南巡馆及奏疏馆、镇水馆等展馆，除陈列原河道总督治河相关史料外，还集中展示淮安古今水利建设成就，成为展示淮安水利的一扇窗口。

盐城大纵湖

大纵湖位于盐城市盐都区西南，距盐城市区 45 公里，在盐城大纵湖湿地旅游度假经济区以及泰州兴化市中堡镇境内，原由古潟湖演变而来，形成于南宋之前，距今已有 800 多年历史。大纵湖是苏北里下河碟形洼地地区诸湖泊中最深、最大的湖泊，也是古射阳湖分解后残存最大的现代湖泊。大纵湖南北宽 5.5 公里，东西长 6 公里，略呈圆形，总面积为 2667 公顷，在盐都区境内水域面积约为 1414 公顷，约占大纵湖总面积的 53%。大纵湖系过水型湖泊，南部和西部的鲤鱼河、中引河和大溪河等为主要进水河道，东北部的蟒蛇河为主要出水河道。常年平均水深为 1.2~1.5 米，汛期大纵湖水深 2 米左右，历史最高水位 3.09 米（1954 年兴化县水文站测得），即最大水深可达 3.09 米，而枯水期水深仅 0.8 米左右，平均水深 1.5 米。湖底高程大部分为 0.1~0.3 米，最低处为 0 米，近湖处滩地为 0.5~1.0 米。大纵湖湖底浅平，土质坚硬，多为鸡骨土，很少淤泥。地势由东北向西南微倾，深水区位于湖的西南部，由于湖盆地势较郭正湖、蜈蚣湖、得胜湖低，因而承纳这三个湖荡地区的来水，蓄水量 1600 万立方米。大纵湖属于里下河地区典型湖泊湿地和河流湿地，湿地面积 1224.83 公顷，湿地动植物资源丰富，种类多样。芦苇、茭、席草、眼子菜、金鱼藻、苦草、水鳖、田字萍和菱等为湿地植被优势种。大纵湖湿地主要有低等植物 160 种和维管束植物 163 种，自然植被主要为草本沼泽，主要分为水生植物和湿生植物群落；拥有十分丰富的湿地动物资源，尤其是鱼类、螃蟹等水产品极为丰富，包括浮游动物、底栖动物、鱼类、两栖类、爬行类、鸟类和兽类共 7 个类型。

柳堡村

134

大纵湖全景

芦荡迷宫

扬州瘦西湖

蜀冈—瘦西湖风景名胜区面积 33.26 平方公里，由瘦西湖、蜀冈、唐子城、笔架山、绿杨村五个风景区组成，是以古城文化为基础，以重要历史文化遗迹和瘦西湖湖上集锦式古典园林群为特色，与扬州古城紧密相依的国家级风景名胜区。

扬州缘水而兴，瘦西湖因水而名，水是瘦西湖的魂。景区妙在水体，景观因水而生，十多公顷水面体现出曲折幽邃、清雅秀丽的特色。水面呈现"宽窄方圆"的变化，巧于安排溪口、河湾、石矶，以假乱真，引人入胜，使瘦西湖既有落笔非凡的气质，又复有精雕细刻的情趣，称得上中国园林理水的佳作。

瘦西湖作为我国湖上园林的代表，从隋唐开始，沿湖陆续建园，及至清代盛世，康熙、乾隆两代帝王的六次南巡，凭借扬州盐商富足的财力和扬州特有的人文环境，造就了"两岸花柳全依水，一路楼台直到山"的湖山盛况。这些园林，构思巧妙，彼此借景，融古典园林南秀北雄于一体，构成了一个以湖为主、景外有景、园中有园的艺术境界。历史上李白、杜牧、欧阳修、苏轼、孔尚任、郁达夫、朱自清等文化名人都很赞叹瘦西湖秀美的风光，留下众多脍炙人口的篇章。"烟花三月下扬州""园林多是宅，车马少于船""二十四桥明月夜，玉人何处教吹箫""绿杨城郭是扬州"等数不清的名言佳句，流传千古，为瘦西湖增添了耀眼的浓墨重彩。

春饰瘦西湖

多年来，景区在保护建设过程中，尊重历史，崇尚科学，古为今用，推陈出新，严格按照风景名胜区和世界文化遗产的保护要求，根据国务院批复的《蜀冈—瘦西湖风景名胜区总体规划》，抓好景区历史遗迹的恢复、保护和利用，先后投入 1.97 亿元，实施了水环境整治工程，铺设了连接邵伯湖的管道，定期进行水体更换，再现了湖水清澈、鱼虾肥美、草木葱荣、景色秀丽的灵气和生机。长达 13 公里的水上旅游线，把运河水引延到蜀冈峰下，生动演绎了"两堤花柳全依水，一路楼台直到山"的文学意境。习近平总书记在 2013 年全国"两会"参加江苏代表团审议和 2014 年底在江苏调研考察时充分肯定了扬州生态文明建设和瘦西湖水环境整治工作。2016 年被江苏省旅游局、江苏省环境保护厅授予"省级生态旅游示范区"的荣誉称号。

二十四桥景

左图　湖上展翅
右图　栖灵塔下春意浓

远眺万花园

镇江金山湖

金山湖位于镇江市区西北部，紧临著名的佛教圣地"金山寺"，总面积1.08平方公里，其中水面面积为0.68平方公里，约占总面积的63%（现景区含金山寺、一泉宾馆在内面积扩大至1.57平方公里，水面扩大至0.9平方公里）。沿景区内园路环湖一圈约4.2公里；大湖面整体近似呈方形，最宽水面处约800米，湖底呈碟形，湖深3.9米，正常蓄水约350万立方米。

公园通过近13.5万平方米企业和居住户拆迁及征地补偿（金山水产养殖场占900亩），共计补偿资金约6.5亿元，在退渔还湖工程形成稳定湖面的基础上，依托优越的自然资源和深厚的文化积淀，建成了一个集旅游、观光、游憩、休闲、娱乐等多种功能于一体的综合性、开放式景区。

金山寺春景

白娘子爱情文化园内的建设以生态和谐为主题，园区内种植大量植被以及水生植物，对修复水生态环境起到了显著的推进作用。据有关部门在金山湖设置的 8 个监测点监测，其中 5 个监测点水质为Ⅲ类，3 个为Ⅱ类，平均值评价水质为Ⅲ类。园区内生态环境和谐，吸引了许多鸟类、鱼类在此栖息。大量的野鸭、白鹭也时常嬉戏其间，成为白娘子爱情文化园一道亮丽的风景线。

公园突出文化建设，以流传千载的民间故事《白蛇传》为背景，以生态与和谐为理念，深入挖掘白娘子爱情故事精髓，将情节主题和理念通过绿化景观和文化小品形式予以展现，营造一个以白娘子爱情文化为主题的旅游景区。

左图　文化园全景
右图　文化园一隅

泰州千垛菜花景区

泰州千垛菜花景区位于兴化市千垛镇。这里河港纵横，块块隔垛宛如漂浮于水面岛屿，有"万岛之国"的美誉。水乡垛田与高山梯田有异曲同工之妙。每当枯水季节，百姓们就将低洼地区水中泥土挖上来，堆积到较高的地方，形成一块块水中小岛式的垛田。垛田大小不等，形态不一，互不相连，非船不能行。置身其中，如同走进古人摆设的水中龙门阵。传说垛田是当年泰州知州岳飞抗金时摆设的八卦阵。每当清明前后，油菜花开，蓝天、碧水、"金岛"织就了"河有万湾多碧水，田无一垛不黄花"的奇丽画面。

千垛菜花景区

垛田风光

千岛春色

泰州溱湖

湿地——"地球之肾"，与海洋、森林并称为地球三大生态体系。溱湖国家湿地公园是国家 5A 级旅游景区，江苏省首家、全国第二家国家级湿地公园。地处全国著名三大洼地之一的里下河地区，总面积 26 平方公里，系典型的以半自然农耕湿地为特色的郊野型湿地公园。园内现有野生植物 150 多种、野生动物 90 多种（包括麋鹿、丹顶鹤、扬子鳄等珍稀物种）。公园每年举办"溱潼会船节""湿地生态旅游节""溱湖八鲜美食节"等活动。

溱湖湿地科普馆

大美溱湖

宿迁三台山镜湖

三台山是国家级森林公园，以独有的"那山那水衲田"为特色，开园仅 2 年就接待游客 300 多万人，是江苏省旅游业的新秀。镜湖坐落在景区核心位置，是"那山那水衲田"的纽带，占地面积约 450 亩，湖深 5 米有余，是景区内一处重要旅游景点，镜湖景色秀美，风景宜人，一湖多景，湖岸柳荫长堤，湖边曲水风荷，湖面画舫轻泛，令游客流连忘返。

镜湖取名高雅，既是出自禅宗六祖惠能的禅悟之言《六祖坛经》中的名句"菩提本无树，明镜亦非台，本来无一物，何处染尘埃"，也是因为伫立湖边，望眼镜湖，清澈的湖水宛如一面平镜。镜湖在其应有的品牌价值、生态价值、文化价值的基础上，在功能上、空间上具有地方独特的代表性，在打造镜湖整个景观的过程中，其科学价值也不容忽视。

镜湖是山与花的"纽带"，是景区的"母亲河"。正所谓"问渠那得清如许，为有源头活水来"。镜湖之水来自清清的骆马湖，常年清澈，为国家Ⅱ类水质。全园有大小湖泊 9 个，总面积约 2000 亩，它独占近四分之一，空间布局合理。向上，镜湖接山，三台山峰映湖景，一湖纳三山；向下，镜湖接田，花海倚其水系而润，一湖养花千亩。涝时，它是防洪走廊、排涝渠道，洪水经此反冲排至下游外河；旱时，它是大型水库，骆马湖水在此储蓄，全园苗木由它灌溉。

镜湖

160

镜湖是老与新的"纽带"，是景区的"加湿器"。三台山国家森林公园前身为国有林场，土地贫瘠，林相单一，苗木生长基本靠天，生长速度"几年如一日"。镜湖原本只是几亩地的水塘，自景区扩面提质以后，水塘锐变成湖，同时也成为景区重要的生态修复系统，依托于镜湖的巨大调节功能，景区新栽乔木 30 多万棵，种植草本花卉 81 种，总计约 4000 万株。湖水哺育了林，林反哺于水，整个景区形成巨大的天然氧吧，负氧离子含量每立方厘米高达 5000 多，是城市的 5~10 倍，是一般公园的 3~5 倍。原本贫瘠的土地现拥有各种野生动物 68 种、鸟类 25 种、水生植物 13 种、水生动物 19 种，空中飞的，地上跑的，水里游的，应有尽有，镜湖见证了"新老"的交替，形成了良好的生态循环。

镜湖是古与今的"纽带"，是景区的"艺术品"。说它"年轻"，它"诞生"在 2015 年，它是国内首屈一指的设计单位中国城市规划设计研究院和北京土人城市规划设计股份有限公司的作品，水上的三台桥、静深桥、听莺桥、荷风亭等设计科学造型优美，水面倒影更是别有韵味。说它"沧桑"，它的历史文化气息浓厚，倚湖漫步，不禁触景生情，古诗词赋信手拈来。望"万条垂下绿丝绦"，不禁想到唐人贺知章的《咏柳》，观"小荷才露尖尖角"，看"接天莲叶无穷碧"，不禁想到南宋杨万里的《小池》和《咏荷》，镜湖承载着古今众多的故事。

俯瞰镜湖

镜湖黄昏

总之，"那山那水衲田"，"那水"说的就是以镜湖为代表的一湖清水，虽地处国家级森林景区深处，但其品牌已经远近闻名，除旅游爱好者休闲观光度假以外，更是众多摄影爱好者、绘画爱好者的创作基地，也是许多旅游业后起之秀的桥梁、水域景观设计的样板。镜湖正以它不同的姿态迎接着八方的客人。

镜湖·三台桥

水韵江苏·河湖印记丛书

最美水地标——水聚落

无锡水弄堂

江南古运河在无锡清名桥处与世界上最古老的运河伯渎港交汇，是 1794 公里京杭大运河保存风貌最完整、保存历史遗存最多、最具有江南水乡风情，并且唯一穿城而过的一段古运河，至今仍延续着通航、蓄水、防洪、排涝、生态、景观、游憩等功能。

江南古运河旅游度假区沿线有国家级重点文物保护单位 6 处，省级文物保护单位 24 处，环城古运河 "绕城而过，独此一环"，还有清名桥、惠山两大历史文化街区以及黄埠墩、米市、丝市、名人故居等旅游和历史文化资源，承载了运河文化深厚底蕴。特别是从南长桥至清名桥 1.6 公里长的古运河段，寺、塔、河、街、桥、窑、宅、坊众多空间元素有机组合，成为一幅鲜活的 "清明上河图"，被誉为 "江南水弄堂、运河绝版地"。度假区目前拥有 2 个世界文化遗产点段、6 个国家 4A 级旅游景区和 1 个中国历史文化名街。

清名桥

近年来，江南古运河旅游度假区深入挖掘运河文化、民俗文化、民族工商业文化等历史文化旅游资源，结合古运河、惠山古镇、南禅寺、清名桥、黄埠墩等"一河两岸"历史文化建筑群、古遗址、名人故居等文化遗产和生态公园，开发了"枕河人家"旅游度假产品，开辟了多条精品旅游线路，形成了以运河世界文化遗产为核心，以运河文化休闲旅游为特色，融旅游、文化、商业、运动、健康于一体的文化休闲旅游度假区。其中，清名桥历史文化街区先后获得国家4A级旅游景区、中国历史文化名街、中国著名商业街、"龙腾奖"中国创新产业最佳园区奖等多项国家级荣誉。惠山古镇号称"无锡历史文化的露天博物馆"，已被纳入世界文化遗产预备录名单，其古祠堂群为全国重点保护文物，华孝子祠等10座祠堂为全国文物保护重点祠堂建筑。惠山古镇所在的锡惠风景区为国家4A级景区，正在努力打造世界文化遗产、国家5A级旅游景区和无锡非物质文化旅游体验区。

华灯初上

古运梦

徐州窑湾古镇

窑湾古镇位于江苏省新沂市西南边缘，西傍京杭大运河，东临骆马湖，三面环水，碧波粼粼，景色秀丽，是一座拥有 1300 多年历史的水乡古镇。素有"东望于海，西顾彭城，南瞰淮泗，北瞻泰岱"之说，是国家 4A 级旅游景区，2016 年游客接待量已达 190 万人次。

明末清初，中运河开通后，窑湾古镇扼南北水路之要津，成为京杭大运河的主要码头之一，也成为南北水运枢纽和重要的商品集散地，曾经"日过桅帆千杆，夜泊舟船十里"。水运的兴盛带动了窑湾工商业的迅速繁荣，古镇中店铺林立、商贾云集，曾设有 8 省会馆和 10 省商业代办处。镇上设有大清邮局，钱庄、当铺、商铺、工厂、作坊等达 360 余家。因此，窑湾古镇又有"黄金水道金三角"和"小上海"之称。

历经岁月沧桑，古镇至今仍保存有八百余间古民居群。这些古民居群既有北方建筑的稳实厚重，也有南方建筑的秀雅灵巧，充分体现出街曲巷幽、宅深院大、过街楼碉堡式等特色。街巷独具一格，院舍青砖灰瓦，楼阁亭台交错，房顶飞檐翘角，形胜之美胜于江淮。

大运河畔的窑湾古镇

左图　窑湾雨巷
右图　酱园春色

数百年的繁荣也孕育了窑湾古镇独特的商业、民俗、饮食文化。作为京杭大运河的重要码头之一，窑湾至今仍保留有传统的早市——夜猫子集。星夜赶集，黎明结束，当地流传的一首民谣，道出了其盛况："梆打三更满街灯，恭候宾客脚步声。四更五更买卖盛，十里能闻市潮声。"窑湾除了夜猫子集外，另一特色要属"窑湾三宝"，也就是声名远播的绿豆烧酒、窑湾甜油、窑湾桂片糕。它们以独特的口味、丰富的营养，深受广大游客的喜爱。窑湾因运河而生，因运河而兴，逐渐形成了自己的特色菜肴——窑湾船菜。目前，位于古镇后河街及徐州市泉山区凤鸣路康居小区附近的两家窑湾船菜馆，顾客盈门、生意红火。

2008年，新沂市委、市政府决定加大对窑湾古镇的保护开发力度，成立新沂骆马湖旅游发展有限公司，全面展开窑湾古镇的保护开发工作。自2009年以来，投入10多亿元资金，按照规划要求，对古镇进行保护开发。目前，这个位于京杭大运河黄金分割点上、以商业历史文化著称的水乡古镇，正以古老的街巷、宅院、庙宇、会馆、作坊、商行、货栈、典当、码头和独具特色的历史民俗文化，展示着昔日的繁华风貌。

常州建昌圩

建昌圩地处常州市金坛区直溪镇东北部，是常州市第一大圩，东有庄城河，南有通济河，西有简渎河，北有上新河，四面环水，一洲浮起，圩内天荒湖由南、北、中三个小湖汇聚而成，三湖相连。圩内总面积9万亩，人口约3.5万人，圩堤总长度35公里；圩内水域面积2.2万亩，农田面积4.8万亩，包含12个行政村（151个自然村）、35家企业。建昌圩内碧波荡漾，第一产业以种植稻麦及水产养殖为主，是闻名遐迩的"鱼米之乡"，圩区的多个村庄被评为江苏省水美村庄，处处呈现河畅、水清、岸绿、景美的秀丽景观。

据考证，建昌圩可以追溯到公元245年，已有1777年的历史。历史上的建昌圩包蕴着深厚的文化底蕴，名人雅士、仙人帝胄都曾流连于此。她包容大气，有过王者的眺望；她坚忍内敛，有过先烈的坚守；她飘逸浪漫，有过墨客的吟诵。这里是"人间孝子"董永的故里，望仙桥和老槐树诉说着董永与七仙女的爱情传奇；这里是东晋谌母的修仙之处，历史上建昌人尊崇真武大帝，将这里打造成水乡泽国的道教圣地。齐梁故里的书简穿越朝代更迭，归入了淮海、濂溪、茅山三大书院廊下，引来了隐士墨客的诗文唱和。古人作诗赞其"千顷波涛万卷书"，更是反映了这里盛极一时的人文活动，就连四季风景、渔游垂钓都充满了浓郁的诗情画意。中共苏皖区第一次代表大会在建昌蔡甲村丁家塘曹江临家中召开。这片氤氲的绿地，以圩做墙，以水为障，在抗战时期掩护了人民的军队，培植了深深的军民鱼水情，成为革命的"红色摇篮"。天荒湖湖水涌天，捧一掬天荒湖水都是满满的历史。千百年的建昌圩历史给后人留下了很多宝贵的人文财富，如真武庙、老槐树、董永庙、望仙桥、庄城桥、中共苏皖区第一次代表大会会址等，逐步形成了集红色文化、宗教文化、建筑文化等于一体的具有地方特色的建昌圩文化。

通济河

左图　水美乡村

右图　望仙古桥石板

建昌圩先后被中国乡土艺术协会授予"中国圩文化之乡"，被常州市委统战部授予"同心文化"示范基地，《建昌圩文化研究系列丛书》被授予"同心文化"重大成果。对于建昌人而言，建昌圩不是避世寻幽之所，而是他们生于斯长于斯的故土。生活在这里的人民用勤劳和智慧创造出了灿烂的文明。

苏州锦溪古镇

明镜荡水利风景区依托昆山南部水乡岸线整治工程而建，包括明镜荡、长白荡、陈墓荡、汪洋湖四个自然湖泊，景区总面积32平方公里，其中水域总面积10.78平方公里，属于河湖型水利风景区。风景区主要的风景资源：一是生态资源。明镜荡水利风景区作为典型江南水乡代表，水体资源丰富、水质纯净达标、水生态环境良好。景区四大自然湖泊有着丰富的水体资源，都兼具调蓄洪水、净化水质、维持生物多样性、调整流域局部天气等自然功能。二是文化景观。包括文物古迹、名人典故、文化遗产、民俗传说等。其中文物古迹主要有祝甸村古窑址群、文昌阁、十眼长桥、天水桥等。祝甸村古窑址群完整保留了清代至民国时期古窑12座以及于20世纪80年代建造的新窑7座，被列为江苏省文物保护单位。文昌阁原建于通神道院，清乾隆三十八年（1773）移建至莲池禅院内。十眼长桥中的天水桥俗称"北观音桥"，始建于明永乐五年（1407），是锦溪保存最完整之古桥。名人典故主要包括历史上祖冲之、郏亶父子、林则徐等在昆山治水理念，以及吴越撩浅军、宋代水利大会等水利文化。文化遗产主要包括锦溪丝弦宣卷、锦溪博物馆群等，其中锦溪丝弦宣卷是一种民间说唱艺术形式，2009年，被江苏省政府列入第二批非物质文化遗产名录；锦溪古镇区内共有14座民间博物馆，是名副其实的"中国民间博物馆之乡"。民俗传说主要包括锦溪八景以及湖泊传说等。锦溪拥有优越的自然环境和独特的人文景观，自古形成八景：锦溪渔唱、陈妃水冢、莲池结社、通神御院、樵楼鼓声、古井风亭、福寿残碑和石音客帆。三是水工程资源。堤防建设生态化。采用格宾网挡墙、自然护坡和圆木桩护底等多形式生态水利堤防建设措施。水利工程景观化。桥闸和隐藏式闸门的设计，使水闸与周边环境相协调，维护整体生态环境，提高水工程的审美价值。景观环境原真化。生态湿地的设计，使湖面自然向岸边道路过渡。整体环境自然和谐。湖岸绿化错落有致，品种繁多，构造原生态的游赏空间。

鸟瞰景区

十眼长桥

古镇菱荡湾全景

陈妃水冢

南通余东古镇

余东古镇位于长江下游，地处长江和黄海交接处，位于海门市东北部，余东镇古时南濒长江，后枕范公堤，左滨黄海，右达州府，历来是通东重镇，建有完整的城池。古护城河除南运河段于20世纪80年代被改为水泥马路外，其余三段保存完整，河岸的自然风貌依旧。余东的护城河实际上是运盐河的一段。

城中石板街始建于明代，沿用至今已经有650多年的历史，是南通地区古镇中保存最完好的明清古街。街巷肌理基本保存完整，南北长街（兼下水道、藏兵洞）由2146块石板铺成，共876米，街巷两侧当年的商铺旧宅多数仍在。

旧时余东有井两三百眼之多，最典型的是位于老街中段左右对称的两口井，传说是两姐妹同时嫁到余东，由两家同时打造而成，均为青石井圈，呈八角形，形制、口径均一致，东为姐井，西为妹井，口径30厘米，外径50厘米，高33厘米，仍被居民常年使用。

古镇夜景

余东古镇于 2008 年被国家住房和城乡建设部与国家文物局联合授予"中国历史文化名镇"称号，目前拥有各级文物保护单位 7 处，还有少量的明代历史建筑及大量的清代及近代的历史建筑。

上图　古镇门牌
下图　余东石板街

连云港连岛小镇

连岛古称鹰游山，由东西两岛相连而成，又称东西连岛，是江苏省第一大天然海岛，东西直线距离 5.5 公里，南北直线距离 0.9 公里，海岸线长 17.66 公里，面积 8.1 平方公里，沙滩总面积 260 亩，通过 6.7 公里的全国最长的拦海大堤与连云港市东部城区相连。

连岛小镇气候温和、冬无严寒、夏无酷暑、四季怡人，空气清新纯净、富含负离子，森林覆盖率达 80%。其海水在一年中达到国家标准的适宜游泳水温的天数有 80 天。连岛属由暖温带向亚热带过渡的季风性海洋气候，濒临海州湾渔场，具有植物种类繁多、海产品丰富、海蚀地质独特的资源优势。海岛自然风光秀丽迷人，集青山、碧海、茂林、海蚀奇石、天然沙滩、海岛渔村人文景观于一体，是江苏独特的 4A 级海滨旅游景区。

连岛全景

渔舟唱晚

连岛美在海中央。大自然千百年钟灵毓秀，造化了连岛山海相依、秀美迷人的海岛风光。苏马湾金滩细腻，如玲珑碧玉镶嵌于葱郁茂林之畔；大沙湾风和浪柔，是四海游客踏浪弄潮的海滨乐园；海滨栈道依海蜿蜒，是各地游人凭海临风亲水戏浪的怡情佳境；海上界域石刻饱经沧桑岁月，诉说着汉代文明；前三岛孤悬海外，物产丰饶堪称鸟岛；渔家风情浓郁，吸引众多游客享受卧床听涛、推窗望海的渔家乐趣。

连岛小镇凭借秀丽独特的海滨自然风光和别具特色的海岛人文景观，已经成为我国沿海地区有较大影响的海滨旅游度假胜地，先后通过了 ISO14000 国际环境质量认证、ISO9001 国际质量管理体系认证，陆续荣获国家 4A 级旅游景区、国家级健康型海水浴场、国家级海洋特别保护区及海州湾海湾生态与自然遗址、全国十大美丽海岛、全国绿化模范单位、江苏最美跑步路线等荣誉称号，年接待游客 395 万人次。

淮安老子山镇

"看湖光月色，沐天然温泉，听芦林沙沙，品渔家餐饮。"别有一番陶渊明"久在樊笼里，复得返自然"的浓厚情趣，让广大游客在老子山中朦胧陶醉。

老子山，地处素有"日出斗金"之美称的五大淡水湖之一的洪泽湖南岸，三面环水，面积 300 平方公里，其中水域面积占 90%。老子山地域广阔、水产富饶，依山傍水、交通便利，古迹众多、景色秀丽。承大别山余脉走向，恰系千里长淮汇入的洪泽湖入湖口。近年来，洪泽区老子山镇党委、政府围绕"淮上新明珠、道祖养生地、山水温泉镇"的形象定位，以建设"省级旅游度假区"为抓手，突出旅游建设主线，完善旅游要素，加强功能配套，提升服务水平，旅游综合服务能力得到显著增强，2014 年 5 月 11 日被省政府批准设立为"省级温泉旅游度假区"。

老子山镇内名胜古迹甚多，有安淮寺、大王庙等历史遗存，更有淮上明珠、温泉山庄、康复基地、温泉一号等现代温泉度假区，另外还有龟山传统村落（2014 年 11 月获批为"中国传统村落"）、新滩靓美渔村等旅游点，与镇区形成"一核两翼"的旅游格局。

新滩村

龟山村

扬州邵伯古镇

邵伯古镇位于长江、淮河、运河三水交汇之处，总面积98.6平方公里，人口达10万人。邵伯古称甘棠、邵伯埭，因东晋著名政治家、军事家谢安在此筑埭治水而得名，迄今已有近2000年的历史。邵伯是一座因水而生、因河而兴的中国历史文化名镇。

邵伯是运河古镇。境内的古运河码头、古运堤、明清运河故道、淮扬运河主线被列为中国大运河遗产重要的点段。其中邵伯明清运河故道的前身是邗沟的一部分，现在为防洪排涝和城市景观河道。

邵伯是水运重镇。邵伯与大运河共生共荣，是大运河沿线重要的物资交流及水上服务中心。自邗沟开凿到东晋谢安筑埭治水直至当代，留下了丰富的水工遗存（埭、船闸、节制闸、滚水坝、自流灌溉渠等）。邵伯船闸具有1600多年的历史，现在拥有三座现代化大型船闸，是我国船闸发展历史的缩影，也是苏北运河航运史与水利发展史的最好见证，今天依然是南北水上交通的中心枢纽。

邵伯是生态美镇。邵伯湖有206平方公里的水面，素有"三十六陂帆落尽，只留一片好湖光"的美誉，湖面宽阔，烟波浩渺。湖区景致秀丽，水质优良，是良好的水上休闲场所。

邵伯是文化大镇。这里是水乡民歌《纱囊子撩在外》《拔根芦柴花》的诞生地。《邵伯锣鼓小牌子》、《邵伯秧号子》和运河女神《露筋女的传说》成为重点保护传承的非物质文化遗产。

目前，邵伯正全力打造集运河游览、养生度假、文化展示等功能为一体的"邵伯运河风情小镇"的建设。

邵伯明清运河故道

上图　邵伯船闸
下图　古运河与高水河交汇处

邵伯湖

镇江西津渡历史文化街区

西津渡历史文化街区位于镇江市主城西北部，地处长江与京杭大运河交汇处，北濒长江，南临云台山，西起玉山大码头，环绕云台山沿小码头街由西向东转南延伸至伯先路、京畿路到中山北路路口。史载西津渡形成于三国时代，唐代具有完备的渡口功能，一直是我国南北水上交通、漕运枢纽，发生过众多政治、军事、经济、文化、宗教等重大历史事件，同时也见证了镇江城市发展的历史。明代顾祖禹《读史方舆纪要》记载："今（镇江）城西北三里曰西津渡，为南北对渡口，古谓之西渚……唐时亦曰蒜山渡，宋置西津寨于此，俗谓之西马头，即江口也，亦曰京口港。"西津渡渡口历史存续 1400 多年，古渡文化是津渡文化的基础和前提，由此衍生出了以济渡救生、平安和谐为核心价值的津渡文化。融合以义渡局、救生会为代表的救生文化；以观音洞、超岸寺、铁柱宫为代表的宗教文化；以江南民居、宗教建筑、西洋建筑、民国建筑等多元聚合的渡口建筑文化；以及以宝盖山、云台山、长江、运河为主题的山水文化等。西津渡作为古代津渡文化保护区，是镇江文物古迹和文化胜迹保存最多、最集中、最完好的地区，是镇江"文脉"之所在。街区内现存有昭关石塔、英国领事馆旧址等 3 个国家级文物保护单位，观音洞、救生会、待渡亭、超岸禅寺等 38 个省市级文物保护单位，充分体现着津渡文化、租界文化、民国文化和工业文化 4 个不同时代的历史文化层，展示着城市个性风貌，反映着城市发展脉络，是城市文化特色最集中的体现，被中国原古建筑专家组组长罗哲文先生赞为"中国古渡博物馆"。

上图　西津湾
下图　西津渡全景

昭关石塔

宿迁皂河古镇

素有"千年古镇"之称的宿迁市宿豫区皂河镇，水系纵横，历史悠久，底蕴深厚，传统民俗独具特色，水利、文化、旅游资源项目均具有国家级意义。

河湖文化资源独特。皂河镇拥有极为丰富的水系，境内河渠纵横，素有"五河之镇"之称。皂河镇地处世界文化遗产——京杭大运河南北漕运要道，成为宿迁西北部经济贸易中心和水陆交通枢纽，河道上的船闸、抽水站宏伟壮观，同时皂河段也是运河生态环境与古镇村落结合最好的一段。古黄河位于镇区南郊，两岸乔木成荫，田园风光浓郁，有号称"万亩果林"的万亩苹果梨园。镇区东侧即为一碧万顷的骆马湖，水域面积400平方公里，是江苏省四大淡水湖之一，国家南水北调的重要中转站，水质优良，物产丰富，景色优美，似一颗明珠落在皂河古镇。亚洲第一、世界第二的皂河抽水站，皂河船闸，皂河节制闸等大型水利枢纽设施建筑宏伟壮观。其中，皂河抽水站位于骆马湖西大堤，是国家特大水利工程，出水口通入骆马湖，进水口接连邳洪河，在皂河闸下接转中运河，为国家南水北调第六梯级工程。

世界文化遗产·京杭大运河

清清骆马湖

历史文化资源丰厚。皂河镇历史悠久，文化底蕴丰厚，人文荟萃，古迹众多，热河、秃尾河、月河水系走向和运河、骆马湖及龙王庙行宫的关系清晰可辨。拥有 1 个世界文化遗产点、国家4A 级旅游景区——龙王庙行宫；2 个国家级重点文物保护单位——龙王庙行宫、御码头御马路，3 个市级文物保护单位——财神庙、合善堂、陈家大院；1 个区级文物保护单位——皂河老船闸遗址；2 个省级非遗项目——皂河龙王庙会、柳琴戏；2 个市级非遗项目——乾隆贡酥、王氏根雕；3 个区级非遗项目——皂河赵家糁汤、骆马湖鱼头饺子、皂河陆家酱油。

龙王庙行宫是国家现存清代行宫中仅次于承德避暑山庄的皇家建筑群，同时也是苏北地区保存最好的宫殿式建筑群。乾隆皇帝六下江南，五次驻跸于龙王庙，《中国名胜词典》列有专条介绍，具有较高的景观价值。每年正月初九的皂河龙王庙庙会，宿迁本地及附近安徽等省的行商坐贾、歌舞团体、民间艺人、八方游客纷至沓来，云集皂河，热闹非凡，被列为苏北地区 36 处香火盛会之首。另外，皂河镇还有多处新中国早期历史建筑留存，主要分布在通圣街北段，其中剧院、招待所、银行等建筑具有一定的历史价值。通圣街北段历史建筑较完整地保存了1950—1970 年的历史风貌。